MAINTENANT !

57 rue Gaston Tessier – 75019 Paris.
ISBN : 978-2-3780-1214-4
Code MDS : SL12144
N° édition : S21027

Dépôt légal : octobre 2021 – Tirage n°1
Loi 49-956 du 16 juillet 1949 sur les publications destinées
à la jeunesse, modifiée par la loi n° 2011-525 du 17 mai 2011

Achevé d'imprimer en septembre 2021 par D'Auria Printing en Italie

Imprimé sur du papier PEFC™

Yann Arthus-Bertrand

MAINTENANT !

Agir rend heureux.

SALTIMBANQUE ÉDITIONS

Ce livre est inspiré par le film *Legacy, notre héritage*, co-écrit avec Franck Courchamp.

TOUT A CHANGÉ SI VITE !

Éléphants dans le parc Meru, Kenya.

DES ENDROITS ET DES MOMENTS M'ONT MARQUÉ À JAMAIS : L'AFRIQUE, L'AMOUR DES ANIMAUX, LA RENCONTRE D'AUTRES CIVILISATIONS, LE RÊVE D'UNE LIBERTÉ ABSOLUE...

Anne et Yann Arthus-Bertrand, réserve nationale du Maasaï Mara, Kenya.

Cérémonie de l'Eunoto des Maasaï dans les Loita Hills, Kenya.

J'AI VÉCU EN FAMILLE AVEC LES LIONS.

Dans les années 1980, les lions m'ont appris la photographie ! Jamais je ne me suis senti aussi vivant et heureux. Les lions n'avaient pas peur de nous : ils n'avaient jamais été chassés par l'homme. Observer les animaux m'a ainsi appris à vivre dans le monde des hommes. Mais… ces animaux que je côtoyais en Afrique sont désormais menacés d'extinction. Aujourd'hui, 75 % des terres sont accaparées par nos tracteurs et nos moissonneuses-batteuses pour nourrir les 8 milliards d'hommes que nous sommes. Le blé, le maïs, l'orge volent l'herbe des antilopes. Le bruit des engins mécaniques résonne partout dans ce paradis qu'est notre planète !

Lion se faisant mordre par son lionceau, réserve nationale du Maasaï Mara, Kenya.

EN TROIS QUARTS DE SIÈCLE, LES RICHESSES PRODUITES ET ÉCHANGÉES SUR LA PLANÈTE ONT ÉTÉ MULTIPLIÉES PAR 20.

En 1980, nous croyions tous aux promesses du développement : il serait infini. Nous allions tous devenir plus riches et plus heureux. Tous les pays, au Nord comme au Sud, marchaient vers le progrès, qui se réaliserait grâce aux techniques, à l'industrie, à l'agriculture moderne. Nous canalisions des fleuves et construisions des barrages pour produire de l'électricité ; nous abattions des forêts et les transformions en plantations de bananes ou de palmiers à huile ; nous aménagions la savane africaine en pâturage pour le bétail, réduisant le territoire des animaux sauvages comme peau de chagrin.

Port de Yangshan (le plus important du monde en eau profonde), îles Yangshan, baie de Hangzhou, Shanghai, Chine (30° 38' 3,98" N – 122° 2' 49,03" E).

上海盛东
836
BOT
CGM

CE N'EST PAS LA TERRE QUE NOUS DEVONS FAIRE MOURIR, C'EST NOTRE VISION DU PROGRÈS.

Inondations à l'aéroport de Don Muang, Bangkok, Thaïlande (13° 54' 58,00" N – 100° 36' 35,88" E).

À L'ORIGINE, L'ÉNERGIE PURE

Coucher de soleil et montagnes en contre-jour, État de Nayarit, Mexique (21° 42' 16,45" N – 104° 42' 5,34" O).

L'ÉNERGIE ANIME LA VIE ELLE-MÊME !

Au commencement, sur notre Terre, il n'y avait pas de vie ; il n'y avait que de l'énergie, qui n'était ni transformée ni canalisée. Énormément d'énergie, sous toutes ses formes, sauvage et dangereuse. La Terre du début est uniquement de la roche en fusion, furieuse, enragée. Cette énergie repart aussitôt dans l'espace, sous forme de chaleur, car rien ne la retient. Puis, petit à petit, la vapeur d'eau créée par la terre brûlante produit une enveloppe de gaz autour de la Terre, une atmosphère. Cette atmosphère laisse entrer les rayons de soleil, lesquels chauffent la terre, mais elle ne laisse pas repartir la chaleur, exactement comme une serre.

La chaleur nouvelle retenue sur Terre par l'atmosphère apporte des conditions propices à la vie. Sans cet effet de serre naturel, les températures sur notre planète seraient aux alentours de –50 °C. Or, à cette température, la vie telle qu'on la connaît est impossible.

Cratères au sommet du volcan Etna, province de Catane, Sicile (37° 45' 15,86" N – 14° 59' 46,63" E).

Éruption du piton de la Fournaise au sud-est de l'île de La Réunion, La Réunion, France (21° 14' S – 55° 43' E).

Lac de lave du volcan Erta Ale dans le désert Danakil, vallée du Grand Rift, région de l'Afar, Éthiopie (13° 36' 10,68" N – 40° 39' 48,19" E).

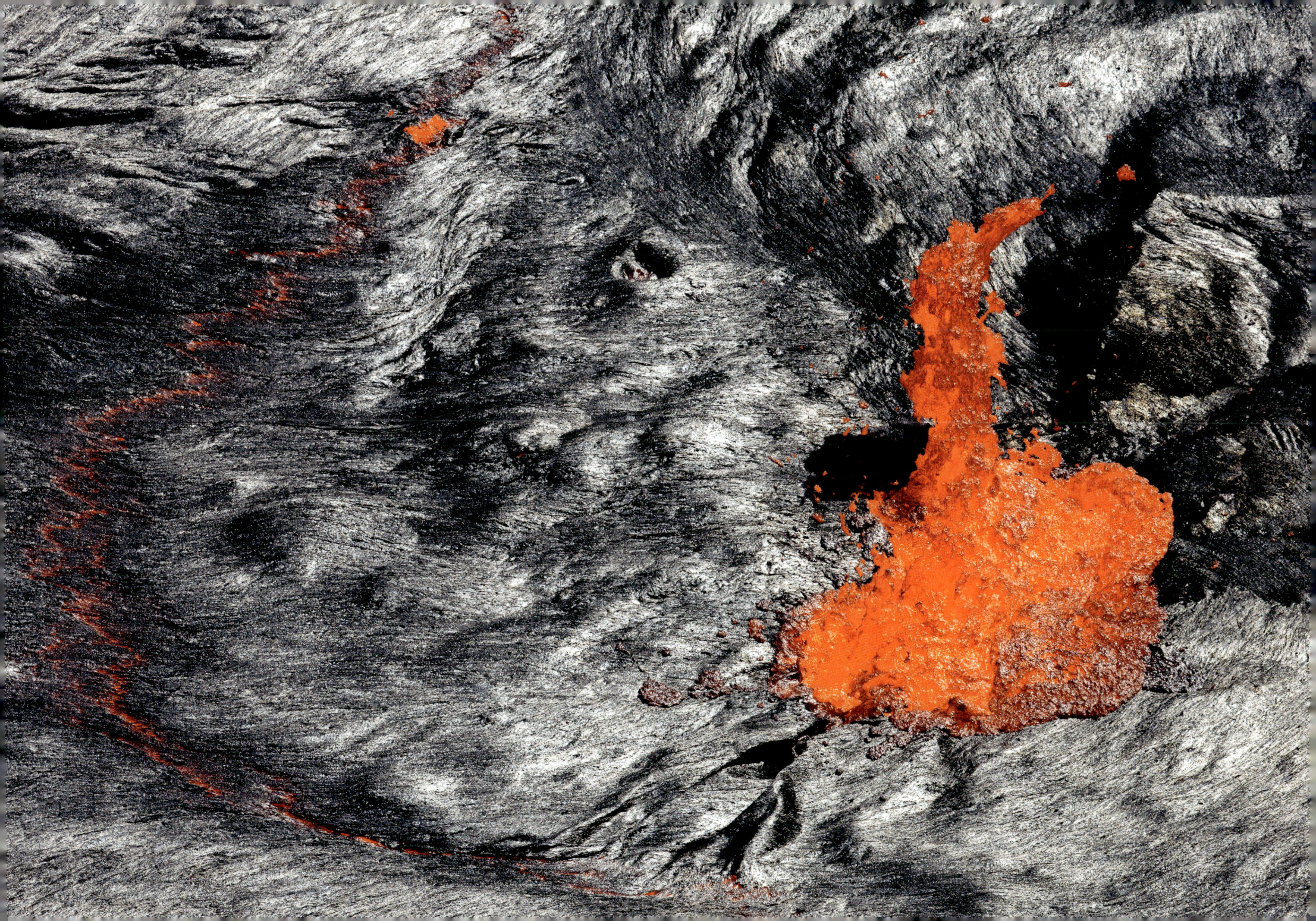

Cascades d'Agua Azul sur la rivière Yax-Há, État du Chiapas, Mexique (17° 15' 23,73" N – 92° 6' 55,18" O).

L'accumulation des nuages dans l'atmosphère cause des pluies diluviennes qui finissent par former les océans. Pendant quelques milliards d'années, l'eau va passer d'un état à un autre : nuages, pluies, lacs et rivières ou océans, glace parfois, puis vapeur à nouveau. Ce cycle de l'eau perdure à ce jour : l'eau que nous buvons aujourd'hui est la même que celle qui a bercé les premières algues. C'est dans ces océans que la vie surgit, sous forme d'organismes très primitifs. Puis elle se diversifie jusqu'à fourmiller sous de multiples aspects, dont les algues.

NOUS BUVONS LA MÊME EAU QUE CELLE QU'ONT BUE LES DINOSAURES !

Notre planète s'appelle la Terre, mais pendant la plus grande partie de son histoire, elle aurait pu s'appeler la planète Mer. Aujourd'hui encore, les océans et les mers couvrent plus des deux tiers de sa superficie totale : 70,71 %. L'eau est, pour l'éternité, un élément essentiel de la vie.

L'Orénoque au niveau de La Esmeralda (forêt amazonienne), État d'Amazonas, Venezuela (3° 10' N – 65° 33' O).

C'EST L'ÉNERGIE QUI PERMET AUX ÊTRES VIVANTS DE FONCTIONNER, DE SE DÉVELOPPER, DE SE DÉPLACER.

Dans leur conquête de la terre ferme, les plantes ont rencontré des milieux extrêmement divers, par le climat, la composition du sol, l'altitude, l'humidité... Elles ont su s'adapter à la quasi-totalité de ces conditions – à part la banquise.

Les algues furent sans doute les premiers végétaux marins à s'aventurer hors de l'eau. Pour les plantes, la conquête des continents a été d'une lenteur et d'une difficulté inimaginables. Il leur a fallu coloniser un milieu totalement différent des océans, dans lesquels les plantes aquatiques se laissent bercer sans barrière ni pesanteur. Une fois à l'air libre, les plantes ont dû se confronter à la roche nue, dure et stérile. Mais ce nouveau terrain vierge en valait la peine, car il regorgeait de cet élément nécessaire à la vie, l'énergie.

Végétation subaquatique dans la Loire près de Digoin, Saône-et-Loire, France (46° 27' N – 3° 59' E).

Relief près de Jengish, région d'Ysyk-Köl, Kirghizistan (42° 22' N – 78°34' E).

Baobabs au sud de Belo, région de Toliara, Madagascar (19° 42' S – 44° 33' E).

LES ARBRES RÉALISENT L'EXPLOIT DE DÉPLACER DES CENTAINES DE LITRES D'EAU PAR JOUR, DEPUIS LEURS RACINES JUSQU'AUX FEUILLES.

Les plantes sont les seuls êtres vivants qui tirent directement parti d'une énergie illimitée, celle du soleil. Grâce à cette énergie, les plantes transforment le carbone de l'air en matière végétale par la photosynthèse, un processus très complexe qui leur permet de fabriquer de la matière végétale, donc de croître. Le résultat de cette formidable adaptation a été une course à la hauteur. Les plantes les plus grandes sont avantagées ; elles ont plus d'énergie à leur disposition. Elles peuvent plus facilement se reproduire, transmettant à leurs descendants ces avantages qui leur ont réussi, créant génération après génération des plantes un peu plus hautes. Ainsi sont nés les arbres.

Un arbre, c'est un tronc qui relie deux couronnes : l'une, aérienne, faite de branches et de feuilles pour capter l'énergie de la lumière, et l'autre, tout aussi grande, souterraine, faite de racines pour capter l'eau et les éléments minéraux.

AMASSER, MANGER, DOMINER, SE REPRODUIRE SONT LES FORCES MOTRICES DE TOUT ÊTRE VIVANT SUR TERRE.

Les animaux ont trouvé une solution astucieuse pour récupérer l'énergie : certains mangent les plantes, ce sont les herbivores ; d'autres mangent les herbivores, ce sont les carnivores. Tous ne font que récupérer de l'énergie qui a été stockée sous forme de matière dans d'autres êtres vivants. Finalement, tout ce qui vit sur cette planète est un concentré d'énergie, et toutes les espèces vivantes utilisent cette énergie pour survivre et se reproduire.

Girafes, réserve nationale de Massaï Mara, Kenya (1° 15' S – 35° 15' E).

Jeune lion attaquant un buffle, réserve nationale du Maasaï Mara, Kenya.

Troupeau de rennes aux marges de l'inlandsis au sud-est d'Ivituut, Groenland (61° 05' N – 46° 10' O).

L'APPARITION DE L'HOMME N'OCCUPE QU'UNE INFIME FRACTION DU TEMPS GÉOLOGIQUE, MAIS QUEL BOULEVERSEMENT !

La Terre est apparue il y a 4,55 milliards d'années.
Pour nous situer dans des temps aussi reculés, les scientifiques ont l'habitude de diviser l'histoire de la Terre en périodes géologiques. Deux « éons », le Protérozoïque et le Phanérozoïque, sont divisés en « ères », comme le Paléozoïque ou le Cénozoïque, elles-mêmes divisées en « périodes », comme le Jurassique ou le Quaternaire.

Si l'histoire de la Terre jusqu'à nos jours était résumée en vingt-quatre heures, et s'il était minuit, alors la vie serait née dans les océans dès 6 heures du matin. Mais la vie ne sortirait de ces océans pour coloniser les terres que vers 22 heures ! C'est à ce moment-là que les plantes apparaissent. Les premiers humains ne surgissent que vers 23 heures 58 minutes et 43 secondes, à peine quelques battements de cœur dans une journée. Et du fait de cette seule espèce, la donne va complètement être changée.

Bancs de sable dans L'Haridon Bight, péninsule Péron, baie Shark, Australie-Occidentale, Australie (25° 59' S – 113° 44' E).

À LA CONQUÊTE DE LA PLANÈTE

Caravane de dromadaires près de Tichitt, Mauritanie (17° 29' N – 9° 06' O).

COOPÉRATION, INTELLIGENCE, TRANSMISSION AUX GÉNÉRATIONS FUTURES SONT LES PLUS BELLES QUALITÉS DE L'HOMME.

Vieille ville de Sanaa et la mosquée al-Khbir, Yémen (15° 21' N – 44° 13' E).

Village lacustre dans les marais du Sudd autour du Nil Blanc, au nord de Bor, État de Jonglei, Soudan du Sud (6° 21' 54,68" N – 31° 32' 1,96" E).

Village près de Banfora, région des Cascades, Burkina Faso (10° 36' N – 4° 47' O).

Village près de Maroantsetra, Madagascar (15° 24' S – 49° 36' E).

Les tribus du Soudan, du Mali ou du Sahara, les communautés d'Inde ou les villages d'Éthiopie ou de France partagent tous cette qualité : le sens de la collectivité. C'est ce qui nous a permis de nous adapter à des conditions dures, voire hostiles.

Les humains, comme toutes les autres espèces, doivent trouver de l'énergie pour perdurer dans le temps. Or nous avons deux avantages essentiels : notre intelligence et notre esprit de coopération. C'est pour cela que l'humain a choisi de vivre en famille, dans des communautés, des tribus, des villages ou dans des mégalopoles. Nous recherchons la présence des autres, car elle a fait le succès de notre espèce à travers les âges. Nous prenons soin de nos enfants, de nos malades et de nos vieux. Nous apprenons à observer la nature, à la copier.

L'ÊTRE HUMAIN REPOUSSE LES CONTRAINTES DE LA NATURE.

Le développement des espèces vivantes est limité par le climat et les particularités du territoire qu'elles occupent, et par les autres espèces avec lesquelles elles partagent cet habitat. Sur un espace donné, si une espèce se développe trop, si elle se multiplie et compte trop d'individus, elle manquera de nourriture ; elle sera attaquée par ses ennemis naturels, les prédateurs et les parasites. Mais nous, les humains, nous sommes parvenus à dépasser tout ce qui aurait pu limiter notre propre développement. Nous avons vaincu les limites que nous imposaient les conditions naturelles. Nous avons même éliminé nos prédateurs.

Comme l'être humain, certaines espèces animales savent s'adapter à des conditions qui évoluent très vite, en ville comme à la campagne. Ainsi, la corneille noire a appris à se nourrir jusque dans nos poubelles, ou se régale d'un cornet de frites tombé à terre !

Déplacement d'un campement nénètse le long du fleuve Ienisseï près de Doudinka, kraï de Krasnoïarsk, Sibérie, Russie (69° 21' 42,53" N – 84° 30' 43,75" E).

CONQUÉRIR LE MONDE EST BIEN PLUS AISÉ À DOS DE CHEVAL !

Après avoir dompté le feu, l'humain innove de manière spectaculaire en domestiquant des animaux sauvages et en utilisant leur énergie. Dompter ces formidables bêtes, si fortes, si résistantes, permet l'accomplissement de ce qui n'était pas envisageable jusque-là : se déplacer sur de longues distances. Monter sur le dos d'un cheval, d'un éléphant ou d'un dromadaire nous paraît aujourd'hui banal, mais c'était, à l'origine, incroyablement osé ! Avec cette union des énergies, nous avons acquis une liberté nouvelle et franchissons toutes les frontières.

Les chevaux sont représentés dans les sites préhistoriques, comme dans la grotte Chauvet, il y a environ trente-cinq mille ans. À cette époque, le cheval est surtout chassé par l'Homme pour s'en nourrir. Sa domestication n'est sans doute intervenue que bien plus tard, il y a environ six mille ans.

Cavaliers près de Barskoon, au sud-est du lac Ysyk-Köl, Kirghizistan (42° 10' N – 77° 38' E).

L'HUMANITÉ APPREND AU CONTACT DE LA TERRE, AFIN QU'ELLE LUI LIVRE SES SECRETS ET SES FRUITS.

L'agriculture a été inventée il y a environ douze mille ans en Mésopotamie, au Proche-Orient. Un peu plus tard, il y a dix mille ans, c'est en Chine, dans la boucle du fleuve Jaune, qu'elle apparaît également. En Amérique, l'agriculture se développe à partir de l'Amérique centrale, où elle apparaît il y a environ huit mille ans.

Nous avons domestiqué les plantes sauvages en recueillant leurs graines pour les semer à des endroits précis, afin de les récolter plus tard. Nous passons ainsi de nomade perpétuel à sédentaire : nous nous fixons sur la terre que nous ensemençons. Nous apprenons l'art de gérer une terre et héritons de l'expérience qu'accumulent les paysans ; nous canalisons l'énergie de manière toujours plus efficace et plus durable, par exemple en brûlant du bois pour fertiliser la terre. Nous utilisons l'eau des rivières pour l'irrigation. En cultivant les champs, en emmenant paître nos troupeaux, nous transformons les paysages tout en nourrissant notre famille, nos amis.

Paysage agricole bicolore entre Ankara et Hattousa, Anatolie, Turquie (40° 00' N – 33° 35' E).

EN MODIFIANT LE PAYSAGE ET EN L'ADAPTANT À LEURS BESOINS, LES PAYSANS FAÇONNENT UN NOUVEAU MONDE.

Les paysans sélectionnent les plantes les plus intéressantes. Par cette sélection récolte après récolte, ils créent de nouvelles variétés de céréales, de légumes et de fruits. Ce processus a été très lent, et cette lenteur a permis que les plantes restent toujours adaptées à leur territoire et à son climat.

La communion entre la terre, les hommes et les animaux dure depuis des milliers d'années. En inventant l'agriculture, nous récoltons massivement l'énergie stockée dans les plantes, et nous pouvons ainsi mieux survivre, croître et nous développer. Côte à côte, souffles et sueurs mêlés, la femme, l'homme et le bœuf sillonnent péniblement la terre, l'abreuvent et la nourrissent, soignent les jeunes pousses qui émergent. Ils luttent contre les rongeurs, les chenilles, les maladies, le gel et la sécheresse. Ils stimulent et encouragent la germination, finissant même par faire fleurir des champs de pierres.

Rizières au nord de Pokhara, Népal (28° 14' N – 83° 59' E).

POURQUOI COURIR APRÈS NOS PROIES QUAND NOUS POUVONS LES GARDER PRÈS DE NOUS ?

Certains animaux sont élevés à la fois pour fournir de la viande et pour aider le paysan dans son travail du sol. En Asie, ce sont les buffles, que l'on utilise pour labourer les rizières ; en Europe, ce sont le bœuf et le cheval de trait.

L'Homme optimise sa récupération de l'énergie stockée dans les animaux en passant de chasseur à éleveur : chaque espèce animale est utilisée pour sa force, son endurance, sa résistance aux conditions climatiques. Les troupeaux d'animaux domestiques, bœufs, moutons, porcs ou chèvres, deviennent le bien le plus précieux des éleveurs. Les femmes et les hommes apprennent à vivre de tout ce qu'ils produisent, leur viande et leur lait, mais aussi leur peau, leurs tendons, leurs excréments même, qui brûlent bien et fournissent chaleur et cuisson… Encore et toujours l'énergie.

Troupeau de zébus près de Cáceres, Mato Grosso, Brésil (16° 05' S – 57° 40' O).

Labour traditionnel près de Zamora, État du Michoacán, Mexique (19° 16' N – 99° 06' O).

Foulage des céréales après la moisson au sud d'Adigrat, région du Tigré, Éthiopie (13° 29' N – 39° 28' E).

Troupeau de chèvres entre Pali et Jodhpur, Rajasthan, Inde (25° 59' 49,53" N – 73° 6' 50,00" E).

NOUS INVENTONS, NOUS DÉCOUVRONS, NOUS NOUS ADAPTONS À CE MONDE QUE NOUS TRANSFORMONS.

Le troc ne permet que d'échanger un bien contre un autre. Il faut trouver la personne qui a ce que nous voulons, et qui veut ce que nous avons. Avec la monnaie, tout bien a désormais une valeur ; il suffit qu'acheteur et vendeur se mettent d'accord sur le prix.

Nous avons tendance à mettre en commun nos biens et nos connaissances. C'est ainsi qu'ont été inventés le troc puis le commerce. Grâce à la monnaie, nous pouvons tout échanger facilement. Notre intelligence nous a fait découvrir d'autres moyens de transport plus rapides, comme les bateaux, qui, en glissant sur l'eau, ne demandent que peu d'énergie. Nous réussissons à vaincre les distances ; nous abordons d'autres continents. Aux quatre coins de la planète, l'être humain survit, s'adapte et prospère. À chaque fois, son inventivité prend un visage différent, donnant naissance à des cultures différentes, riches, captivantes.

Marché entre le bd. La Saline et le bd. Jean-Jacques Dessalines à Port-au-Prince, département de l'Ouest, Haïti (18° 33' 13,82" N – 72° 20' 40,85" O).

PLUS NOUS SAVONS EXPLOITER L'ÉNERGIE, PLUS NOS AMBITIONS SONT DÉMESURÉES.

Le charbon et le pétrole se font formés il y a des centaines de millions d'années. Le pétrole provient de la décomposition de milliards d'animaux et de plantes qui avaient stocké l'énergie du soleil.

Il y a cent cinquante ans, nous réussissons un coup de génie qui va marquer une nouvelle rupture totale dans notre vie : l'exploitation massive de nouvelles formes d'énergie, condensées et disponibles à l'excès, le charbon et le pétrole. La civilisation change alors d'échelle. Nous n'exploitons plus seulement l'énergie du monde dans lequel nous vivons, celle du soleil, du vent, des rivières, des plantes et des animaux : nous utilisons une matière fossile, issue d'époques révolues. Nous récupérons une énergie incroyablement plus concentrée que toutes les autres. Nous apprenons à travailler les matériaux, comme l'acier, qui a besoin de températures très élevées. Grâce au pétrole, nous créons le plastique ou concevons des moteurs, des machines, des monstres de métal pour creuser la terre et partir jusque sur la Lune.

Champs de pétrole près de Bakersfield en Californie, États-Unis (35° 27' N – 119° 43' O).

Bulldozer en action dans une mine de charbon à ciel ouvert près de Kayenta, Arizona, États-Unis (36° 31' 35,97" N – 110° 25' 44,19" O).

LE PROGRÈS REPOSE SUR L'EXPLOITATION DES RESSOURCES QUE NOUS OFFRE LA TERRE.

Serres à Jocotepec, au bord du lac de Chapala, État de Jalisco, Mexique (20° 15' 45,56" N – 103° 26' 0,96" O).

Biche en liberté dans la vallée de Chevreuse, Yvelines, France (48° 50' N – 1° 47' E).

Agriculture près de Pullman, État de Washington, États-Unis (46° 42' N – 117° 12' O).

Enfouissement de résidus pétroliers issus de l'exploitation des sables bitumineux, Fort McMurray, Alberta, Canada (57° 01' N – 111° 38' O).

Un litre de pétrole est l'équivalent énergétique du travail de cent personnes pendant toute une journée. La production de pétrole atteint 15 milliards de litres par jour, l'équivalent de l'énergie physique de plus de deux cents fois tous les habitants de la planète !

Grâce au pétrole, nous inventons de nouveaux pesticides, bien plus efficaces, pour lutter contre les mauvaises herbes ou les animaux nuisibles. Finies les récoltes presque totalement perdues, mangées par les vers et par les rats. Adieu les famines.

Nous créons de nouvelles matières, comme le plastique. En agriculture, le plastique permet d'apprivoiser les rayons du soleil, piégeant leur chaleur à l'intérieur de la serre. Le fameux effet de serre.

Chaque région se spécialise, produit en masse et exporte partout dans le monde, tout en important des spécialités d'ailleurs. Sur notre table, tomates du Maroc, steak d'Argentine, avocats du Mexique, crevettes du Vietnam, soja du Brésil, riz de Thaïlande…

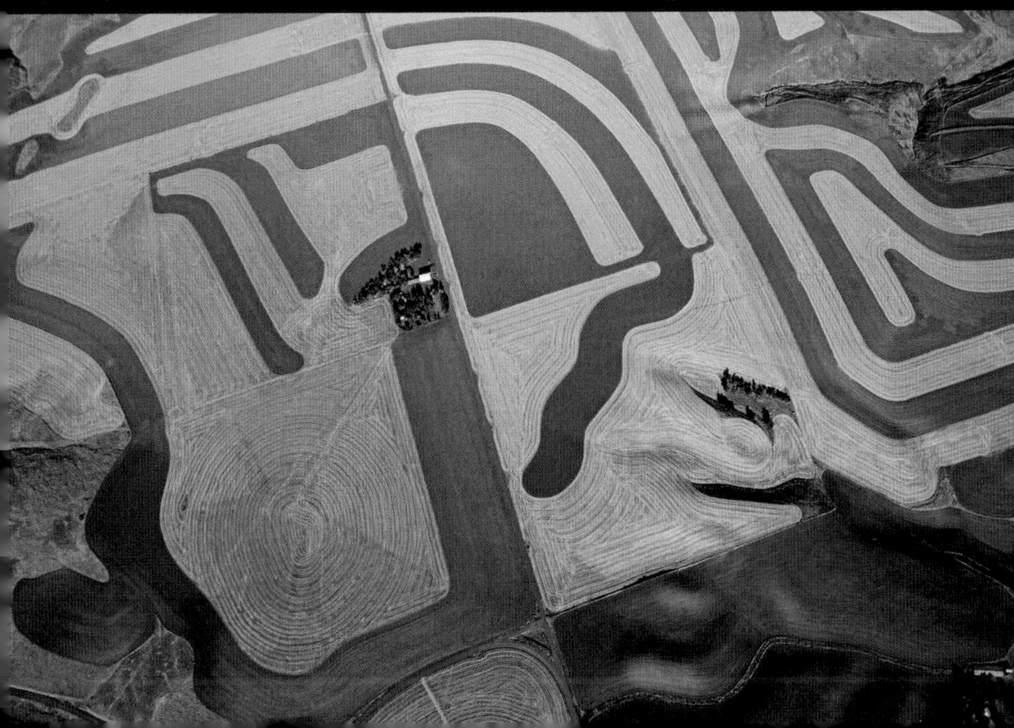
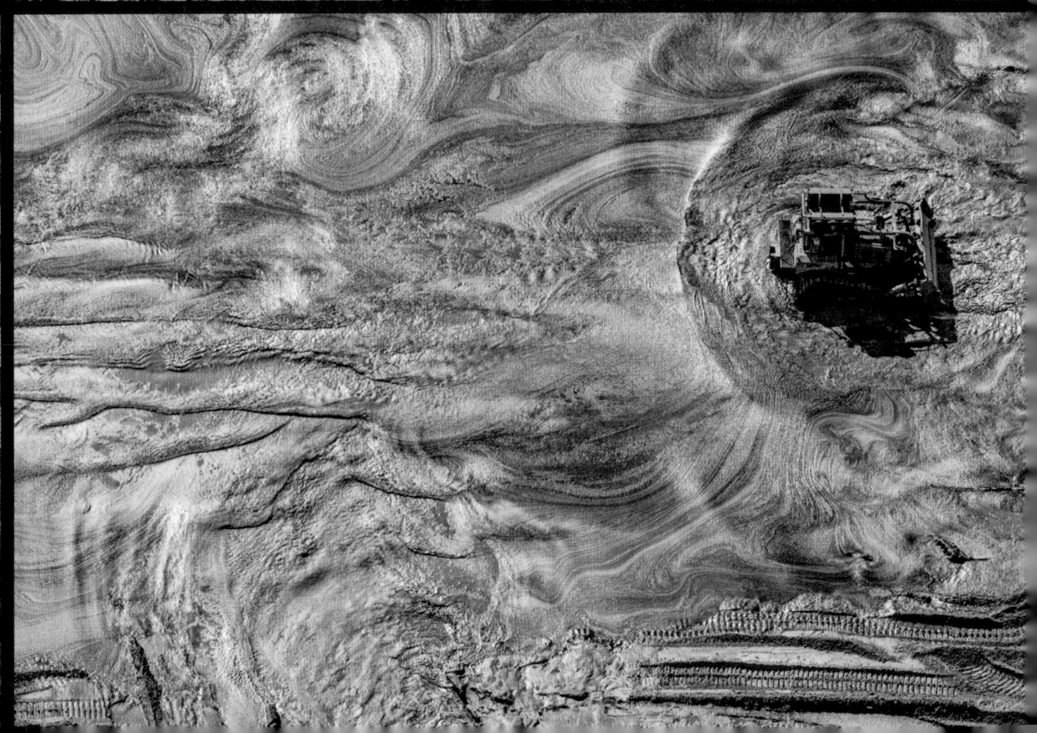

NOUS AVONS LES MOYENS ET LES RESSOURCES DE CONSTRUIRE DES VILLES PARTOUT, MÊME EN PLEIN DÉSERT !

Quartier d'affaires de Pudong et le fleuve Huangpu, Shanghai, Chine (31° 14' N - 121° 30' E).

Times Square, Midtown, Manhattan, New York, États-Unis (0° 45' 24" N - 73° 59' 11" O).

Aérogare 2, aéroport Paris-Charles-de-Gaulle, Val-d'Oise, France (49° 00' N - 2° 35' E).

Ferry sur le Grand Canal devant la ville et le campanile de Saint-Marc, Venise, Vénétie, Italie (45° 25' 53,68" N - 12° 20' 22,95" E).

Maîtrisant l'énergie, rien ne nous est interdit. Nous pouvons construire une ville énorme en deux ans, y abriter des millions de gens. Le béton est l'enfant du pétrole. Les mégalopoles sont de plus en plus grandes, de plus en plus hautes, de plus en plus organisées.

Tels des fourmis ou des termites, nous construisons énergiquement pour notre population sans cesse grandissante, mais à la différence des insectes, nous améliorons sans cesse nos conditions de confort, vivons de plus en plus vieux et nous possédons de plus en plus.

Nous pouvons, grâce à des géants de fer, nous déplacer sur les terres, sur les mers et même dans les airs, en réduisant les distances. Un aller-retour à l'autre bout de la planète prend aujourd'hui moins de temps que d'aller à la ville voisine il y a deux siècles.

Nous pouvons maintenant aller passer une semaine sur un autre continent, très rapidement, juste pour aller voir des éléphants ou la tour Eiffel, naviguer dans les mers lointaines, ou les lagunes de Venise, sans renoncer à notre confort.

Allianz

COSTA MAGICA

MALHEUREUSEMENT, CETTE BELLE HISTOIRE DU SUCCÈS HUMAIN COMMENCE À DÉRAPER...

Tous les avantages que nous ont apportés le pétrole et le charbon se paient d'un prix terrible : lorsque nous les brûlons, ils rejettent du gaz carbonique, du CO_2, dans l'atmosphère. Le CO_2 augmente l'effet de serre, donc la température de l'air – comme lorsque nous rentrons dans une serre où poussent des fleurs, par exemple. Plus nous émettons de gaz à effet de serre, plus nous risquons une fonte massive des pôles. Si l'Antarctique fondait, les scientifiques annoncent que le niveau de la mer augmenterait de 60 mètres !

Cascade sur le glacier Brasvellbreen, sud de l'île de Nordaustlandet, archipel du Svalbard, Norvège (79° 15' 6,76" N – 22° 57' 43,68" E).

DÉSÉQUILIBRES...

Construction de la tour Burj Khalifa, la plus haute du monde, Dubaï, Émirats arabes unis (25° 12' N – 55° 16' E).

NOUS NE POUVONS PAS CRÉER UNE CROISSANCE SANS FIN DANS UN MONDE LIMITÉ.

Quand j'étais enfant, nous étions à peine plus de 2 milliards et demi. En l'espace de ma vie seulement, nous sommes trois fois plus nombreux. Toutes les secondes, nous sommes 5 de plus sur Terre. 5 de plus. 5 de plus. 5 de plus. Le temps de lire ce livre, nous serons 20 000 de plus sur la planète. Dans quatre jours seulement, nous serons un million de plus. L'année prochaine, 100 millions de plus...

Surfant sur ses propres succès, l'être humain a cru qu'il pourrait dominer les règles de la nature. Mais aujourd'hui, nous comprenons qu'un territoire limité ne peut pas abriter et nourrir une population toujours plus nombreuse. Nous ne pouvons pas extraire une infinité de ressources d'une planète finie. Par notre inconscience, nous avons provoqué deux crises environnementales : la crise climatique et celle de la biodiversité. Ces crises sont liées entre elles et s'aggravent mutuellement.

Plage d'Ipanema à Rio de Janeiro, État de Rio de Janeiro, Brésil (22° 59' S – 43° 12' O).

CYCLONES, CANICULES, INONDATIONS, INCENDIES, TOUJOURS PLUS FORTS, TOUJOURS PLUS FRÉQUENTS...

Dès 1972, le Club de Rome, un groupe de réflexion qui réunissait quelques savants du monde entier, publia un rapport intitulé « Limites à la croissance ». Ces scientifiques y expliquaient – déjà ! – que nous ne pourrions pas continuer à « croître » sans fin, car la planète ne le supporterait pas. Le rapport du Club de Rome a rencontré un immense écho... mais aucune mesure n'a été prise. Cinquante ans plus tard, nous n'avons plus le choix.

Certains d'entre nous pensent encore que 2 °C de plus ne constituent pas une menace trop importante. Pour eux, deux degrés, ce n'est quasiment rien ! Ils se trompent : nous comprenons plus facilement l'impact de ces deux petits degrés quand nous constatons l'effet d'une hausse de la température sur notre propre corps. Deux degrés de plus, et nous sommes cloués au lit par la fièvre ; quatre degrés de plus et c'est la mort assurée ! À l'échelle de la planète, la fièvre climatique, ce n'est pas seulement un réchauffement global. Nous devrions plutôt l'appeler le dérèglement climatique.

Maison sous les eaux, province de Nonthaburi, Thaïlande (13° 59' N – 100° 25' E).

LES BOULEVERSEMENTS CLIMATIQUES SONT BIEN TROP BRUTAUX POUR QUE LES PLANTES CULTIVÉES DE MANIÈRE INDUSTRIELLE PARVIENNENT À S'Y ADAPTER.

Les espèces agricoles actuelles ont été sélectionnées pour un climat stable, à peu près toujours le même à un endroit donné. Les plantes cultivées sont maintenant réglées au millimètre ; les engrais et pesticides avec lesquels nous les cultivons ainsi que les arrosages sont dosés au gramme près. Leur rythme de vie est standardisé à l'extrême. Ces variétés de céréales, de légumes et de fruits sont performantes pour les conditions climatiques actuelles ; si les conditions changent, elles deviendront complètement inadaptées.

Les régions produisant des cultures appropriées à des climats précis risquent de ne plus pouvoir assurer des rendements élevés ; les agriculteurs vont peut-être devoir changer de cultures, voire abandonner leurs exploitations. Nous risquons une diminution de la production agricole dans le monde, un manque d'aliments, donc la réapparition des famines.

Paysage de champs colorés près de Sarraud, Vaucluse, France (44° 01' N – 5° 24' E).

L'ÉVOLUTION DE LA VIE PREND DU TEMPS, MAIS, AUJOURD'HUI, LA CROISSANCE S'EMBALLE ET NE SERA BIENTÔT PLUS CONTRÔLABLE.

Nous éliminons à jamais environ un millier d'espèces vivantes tous les ans. Les extinctions sont définitives, comme si nous effacions un disque dur fonctionnant depuis des millions d'années, sans savoir ce qu'il y avait dessus. De plus, un million d'espèces sont actuellement menacées d'extinction. Un million !

La nature n'est pas adaptée à des modifications aussi rapides que celles que nous lui imposons. Par notre empressement à tout vouloir « améliorer », nous mettons en péril la biodiversité, la diversité des espèces vivantes. Or, la biodiversité est la richesse du monde vivant. Des millions d'espèces sont liées entre elles et dépendent les unes des autres, y compris les humains, qui dépendent de leurs connexions avec les autres êtres vivants, animaux ou végétaux. Tout ce que nous mangeons et buvons est le résultat de la biodiversité : la viande et le poisson, les fruits et les légumes, mais aussi les micro-organismes, qui font le fromage et le yaourt, ainsi que le pain grâce au blé et au levain. Tel est le socle vital de notre existence d'êtres vivants.

Troupeau de dromadaires et irrigations circulaires près d'El Oued, région du Souf, Wilaya d'El Oued, Algérie (33° 9' 52,38" N – 6° 53' 34,66" E).

NOUS SOMMES ENTRÉS DANS UNE CIVILISATION DES DÉCHETS.

Tous les ans, nous répandons sur nos cultures près de 5 millions de tonnes de pesticides et d'herbicides pour tuer les insectes et les mauvaises herbes. 75 % des insectes volants ont disparu, même dans les aires protégées en Europe.

Décharge à ciel ouvert, Saint-Domingue, District National, République dominicaine (18° 33' 46,14" N – 69° 57' 59,77" O).

En 1972, j'avais vingt-cinq ans ; depuis, le nombre d'habitants sur Terre a doublé, et nous avons éliminé près des deux tiers des populations animales. Aujourd'hui, si l'on combine la masse totale de tous les mammifères, les humains et leur bétail « pèsent » 96 % de l'ensemble ; les animaux sauvages ne représentent plus que 4 % du poids total des animaux.

En 1982, j'avais trente-cinq ans ; depuis, nous avons doublé l'extraction des ressources naturelles arrachées à la Terre. Aujourd'hui, nous rejetons dans la mer plus de 8 millions de tonnes de plastique tous les ans, l'équivalent d'un camion poubelle déversé dans la mer à chaque minute qui passe. Ce matériau peut mettre des siècles à se dégrader ; en attendant, il remplit les rivières et le ventre des poissons et des oiseaux.

En 1992, j'avais quarante-cinq ans, et j'apprends au premier Sommet de la Terre à Rio que nous avons perdu la moitié des forêts naturelles mondiales et une partie des glaces des pôles. Conscient des dangers que nous faisons peser sur notre environnement, j'entame un travail qui va changer ma vie, dont le résultat sera un livre : *La Terre vue du ciel*.

Aujourd'hui, j'approche des soixante-quinze ans, et 75 % des surfaces terrestres sont « sévèrement altérées ». La moitié du monde habitable est utilisée pour l'agriculture, et la plupart de cette agriculture est devenue folle. Elle boit à elle seule 70 % de l'eau douce mondiale !

UN TIERS DES TERRES AGRICOLES N'EST PAS UTILISÉ POUR NOUS NOURRIR DIRECTEMENT, MAIS POUR NOURRIR NOTRE BÉTAIL.

Malgré les avertissements de la médecine, les consommateurs sont incités à manger de la viande tous les jours.
En quarante ans, la consommation de viande dans le monde a triplé, contribuant à accroître l'obésité dans de nombreux pays.
Pourtant, alors qu'un hectare cultivé permet l'alimentation de cinquante végétariens, il ne peut nourrir que deux humains mangeurs de viande.

Nos animaux domestiques sont élevés et mis à mort dans des conditions indignes. Dans des usines à viande, retirés dès leur naissance à leur mère pour produire massivement notre lait, les petits veaux sont entassés dans la peur et la souffrance, sans que nous nous préoccupions de leur sensibilité et de leur intelligence. En Chine, les cochons sont élevés dans des immeubles ! De leur naissance à leur mise à mort, ces pauvres animaux ne quittent jamais leur porcherie ultramoderne. Plus de 100 milliards d'animaux sont abattus tous les ans pour leur viande, dont un milliard juste en France. Nous sommes loin de l'animal ayant vécu sainement à la ferme ou au pré.

Élevage de vaches près de Fukuyama (à l'est de Hiroshima), Honshu, Japon (34° 31' N – 133° 20' E).

PARMI LES PRISES ACCIDENTELLES DES NAVIRES DE PÊCHE INDUSTRIELLE, DES TORTUES ET DES DAUPHINS SONT TUÉS PAR CENTAINES DE MILLIERS CHAQUE ANNÉE.

Nous tuons des centaines de millions de requins tous les ans, plus de 10 000 à chaque heure qui passe... 90 % de tous les prédateurs marins ont disparu, facilitant la prolifération d'espèces comme les méduses, qui envahissent parfois nos plages.

La pêche industrielle est devenue une méga-industrie. Grâce aux satellites et aux radars, les navires de pêche peuvent désormais localiser le moindre banc de poissons, aussi profond ou caché soit-il, et les capturer jusqu'au dernier. Les gigantesques navires-usines embarquent de véritables chaînes de dépeçage et de conditionnement. Le navire peut rester des mois en mer à vider les océans. Les fonds des océans sont raclés par les filets chaluts, détruisant tout sur des milliers d'hectares sous-marins. Un peu comme si, sur terre, on ramassait les fraises avec un bulldozer.

Dauphins au large de Zamboanga, Philippines (6° 50' 9,69" N – 121° 57' 42,02" E).

L'ONU PRÉVOIT QUE 250 MILLIONS DE PERSONNES SERONT DES RÉFUGIÉS CLIMATIQUES DÈS 2050.

La majorité de l'humanité vit très simplement, sans épuiser la terre ni vider la mer : 250 millions d'agriculteurs n'ont toujours que leurs animaux pour exploiter leurs champs ; plus de 90 % des pêcheurs travaillent à petite échelle ; une personne au Bangladesh émet trente fois moins de CO_2 qu'un Américain. Il est loin, pour eux, le rêve du shopping et des gadgets !

Dans les pays les plus pauvres, la crise climatique et l'effondrement de la biodiversité vont créer des famines, des crises économiques, des guerres même, et les pays riches seront touchés par ricochet. La vraie crise migratoire n'a pas encore commencé, et elle va frapper non seulement ceux qui fuient mais aussi ceux qui les reçoivent. Car, à une époque où Internet véhicule dans le monde entier l'idée qu'en Europe ou en Amérique du Nord, c'est le paradis, les habitants des pays en développement n'aspirent qu'à une seule chose : vivre le rêve qu'ils voient tous les jours s'afficher sur leurs écrans. Partir à l'étranger pour trouver de meilleures conditions de vie devient l'objectif de millions de personnes. Fuir est même synonyme de survivre.

Camps de réfugiés somaliens de Dadaab : le camp de Kambioos, comté de Garissa, Kenya (0° 2' 14,20" S – 40° 23' 37,61" E).

AUJOURD'HUI, C'EST NOTRE PLANÈTE QUI EST MISE AU SERVICE DE LA FINANCE. NOUS DEVONS METTRE LA FINANCE AU SERVICE DE LA PLANÈTE.

L'exploitation du charbon est extrêmement polluante ; malgré tout, il reste la principale source de production d'électricité dans le monde. Nous extrayons de plus en plus de pétrole, avec, par exemple, le gaz de schiste qui empoisonne le sol américain. Grâce à cette nouvelle source d'énergie, les États-Unis sont redevenus l'un des tout premiers producteurs de pétrole et de gaz au monde. Les banques participent au pillage : elles prêtent avec intérêt plus de 650 milliards de dollars chaque année aux entreprises qui explorent de nouvelles réserves de combustibles fossiles.

Les banques participent à la croissance de l'industrie des énergies fossiles, et elles y trouvent leur intérêt puisque cette croissance leur rapporte. Pourtant, nous allons devoir changer de modèle en matière d'énergie... Et un tel changement risque de provoquer des pertes financières colossales. Nous allons donc devoir choisir.

Mine de charbon à ciel ouvert près de Delmas, Afrique du Sud (26° 10' S – 28° 44' E).

40 % DES AMÉRICAINS NE CROIENT PAS AU CHANGEMENT CLIMATIQUE !

En 2020, de gigantesques incendies impossibles à contrôler ont ravagé l'Australie, la Sibérie et la Californie où près de 300 000 personnes ont dû être déplacées. Les habitants de San Francisco ont vu leur ville, en plein jour, devenir rouge à cause des feux de forêts. Ce n'est pas du cinéma, c'est la réalité.

Les grandes conférences internationales pour le climat, les COP, réunissent chaque année les pays qui se sont engagés à lutter contre le changement climatique. Derrière les fenêtres du bâtiment des Nations unies à New York, des centaines de diplomates cherchent des solutions, mais les nations se montrent toutes très égoïstes, et chaque pays fait finalement ce qu'il veut. Lors de l'accord de Paris signé en 2015, cent quatre-vingts pays se sont engagés à réduire les émissions de gaz contribuant au réchauffement climatique. Mais il a fallu supprimer les mots « pétrole », « charbon » et « gaz » pour que les pays producteurs acceptent de signer l'accord final. Comme si nous avions peur de désigner précisément l'ennemi qui va nous tuer.

Henderson, banlieue sud de Las Vegas, Nevada, États-Unis (35° 60' N – 115° 05' O).

AUJOURD'HUI, 1 % DES HABITANTS DE LA PLANÈTE POSSÈDE AUTANT QUE LES 99 % RESTANTS.

Camps de réfugiés somaliens de Dadaab : le camp de Hagadera, comté de Garissa, Kenya (0° 0' 0,39" S – 40° 21' 52,99" E).

CARE / UNHCR

Lagune de Los Micos dans la région de San Pedro Sula, Honduras (15° 47' N – 87° 35' O).

TEL EST NOTRE HÉRITAGE !

NOTRE « PROGRÈS » EST-IL DEVENU FOU ?

Vous savez, je déteste vous raconter tout ça. Ça me transperce le cœur. C'est tellement désespérant ! Ce ne sont pas des histoires qu'un grand-père a envie de raconter à ses petits-enfants. Mais je n'ai pas envie de vous mentir ; je n'ai plus l'âge ni le droit. Je me sens obligé de vous dire la vérité. D'avoir le courage de cette vérité. Ce serait ça notre héritage ? Mon héritage ? Celui que je vais vous laisser à vous et à mes petits-enfants ?

Île artificielle de Palm Jumeirah, Dubaï, Émirats arabes unis (25° 07' N – 5° 08' E).

IL EST PRIMORDIAL DE REPENSER NOTRE RAPPORT AU MONDE SAUVAGE.

Nous dépendons entièrement de la bonne santé des écosystèmes qui nous entourent pour que la planète fonctionne. Les espèces vivantes, qu'elles soient cultivées pour notre nourriture ou bien sauvages, maintiennent en vie l'humanité. Pour ne rien arranger, les scientifiques nous annoncent une pandémie tous les dix ans si nous ne changeons pas radicalement notre comportement envers la nature sauvage. En déforestant, en capturant et en vendant des animaux sauvages, nous avons en effet créé les conditions parfaites pour l'émergence de nouvelles pandémies. Un danger invisible est devenu visible.

Cataractes de la rivière Ivindo, parc national de l'Ivindo, province de l'Ogooué-Ivindo, Gabon (0° 15' 46,68" N – 12° 34' 12,95" E).

SI NOUS RÉDUISONS NOTRE CONSOMMATION DE PÉTROLE ET DE CHARBON DE 5 % TOUS LES ANS, LA TEMPÉRATURE N'AUGMENTERA QUE DE 2° C. FAISONS TOUS L'EFFORT !

Nous devons protéger la biodiversité, le monde sauvage. Or, nous sommes en train de supprimer tout ce qui n'est pas humain sur terre. En cinquante ans, nous aurions perdu près de 70 % des mammifères, des poissons, des oiseaux, des amphibiens et des reptiles, déclare le Fonds mondial pour la nature, le WWF. 70 % du Vivant, c'est incroyable. Si nous ne faisons rien d'ici à 2070, un tiers de l'humanité pourrait habiter dans des régions aussi chaudes et invivables que le Sahara. En 2070, un tiers de l'humanité, cela représentera plus de 3 milliards de personnes qui ne pourront plus vivre chez elles. Trois milliards de personnes !

Colonie de fous de Bassan, île d'Eldey, Islande (63° 44' N – 22° 57' O).

Autruches dans le parc national de la Côte Ouest, province du Cap-Occidental, Afrique du Sud (33° 1' S – 18° 14' E).

Hippopotames dans le lac Naivasha, Kenya (1° 00' N – 38° 00' E).

Buffles dans les marais du delta de l'Okavango, Botswana (19° 22' S – 23° 02' E).

JE VOUS METS AU DÉFI, S'IL VOUS PLAÎT : FAITES QUE VOS ACTIONS REFLÈTENT VOS PAROLES.

En 1992, j'ai été saisi par les paroles d'une jeune Canadienne, Severn Suzuki. Elle n'a que douze ans, et monte à la tribune des Nations unies au nom des enfants du monde.

Je suis Severn Suzuki et je représente l'ECO, l'Organisation des enfants pour l'environnement. Nous sommes un groupe d'enfants canadiens, de douze à treize ans, essayant de changer les choses, Vanessa Suttie, Morgan Geisler, Michelle Quigg et moi.

Nous avons réuni l'argent nécessaire pour venir par nos propres moyens, pour parcourir 5 000 miles afin de vous montrer que vous devez changer votre façon de faire.

En venant ici aujourd'hui, je n'ai pas besoin de déguiser mon objectif. Je me bats pour le futur. Perdre mon futur n'est pas pareil que de perdre des élections ou quelques points à la Bourse.

Je suis ici pour parler au nom de toutes les générations à venir. Je suis ici pour parler au nom des enfants affamés partout dans le monde, dont les cris ne sont pas entendus. Je suis ici pour parler au nom des innombrables animaux qui meurent parce qu'ils n'ont pas d'autre endroit où aller.

J'ai peur d'aller au soleil maintenant à cause du trou dans la couche d'ozone. J'ai peur de respirer l'air car je ne sais pas quelles substances chimiques il contient.

J'avais l'habitude d'aller pêcher à Vancouver, où je suis née, avec mon père, jusqu'à ce que, il y a quelques années, nous trouvions un poisson atteint d'un cancer.

Et désormais nous entendons parler d'animaux et de plantes qui s'éteignent tous les jours, perdus à jamais.

Dans ma vie, j'ai rêvé de voir de grands troupeaux sauvages, des jungles, des forêts tropicales pleines d'oiseaux et de papillons. Mais aujourd'hui je me demande si ces forêts existeront toujours pour que mes enfants puissent les voir. Vous préoccupiez-vous de ces choses lorsque vous aviez mon âge ?

Toutes ces choses passent devant nos yeux et pourtant nous continuons à agir comme si nous avions tout le temps souhaité, et toutes les solutions. Je suis seulement une enfant et je n'ai pas toutes les solutions mais j'aimerais que vous réalisiez que vous non plus !

Vous ne savez pas comment réparer le trou dans la couche d'ozone. Vous ne savez pas comment ramener le saumon dans les eaux polluées. Vous ne savez pas comment ramener à la vie les animaux désormais éteints et vous ne pouvez pas ramener les arbres dans les zones qui sont désormais des déserts.

Si vous ne savez pas comment réparer tout ça, s'il vous plaît, arrêtez la casse !

Ici, il y a des délégués, des gouvernements, des businessmen, des P.D-G, des journalistes et des politiciens, mais, en fait, vous êtes pères et mères, frères et sœurs, oncles et tantes, et vous êtes tous l'enfant de quelqu'un.

Je suis seulement une enfant. Pourtant, je sais que nous faisons tous partie d'une famille forte de 5 milliards de personnes, forte de 30 millions d'espèces… et ni les frontières ni les gouvernements ne changeront jamais cela. Je suis seulement une enfant, et pourtant je sais que le problème nous concerne tous, et nous devrions agir comme un seul monde vers un seul but.

Malgré ma colère, je ne suis pas aveugle. Et malgré ma peur, je n'ai pas peur de changer le monde comme je le sens. Dans mon pays, nous produisons tant de déchets, nous achetons et jetons, achetons et jetons, et pourtant les pays du Nord ne partagent pas avec ceux dans le besoin.

Même quand nous avons plus que suffisamment, nous avons peur de partager, nous avons peur de perdre un petit peu de notre richesse. Au Canada, nous menons une vie privilégiée, avec de la nourriture, de l'eau et un toit. Nous avons des montres, des vélos, des ordinateurs et des télés.

Il y a deux jours, ici au Brésil, nous avons été choqués en passant du temps avec les enfants qui vivent dans la rue. Voici ce qu'un de ces enfants nous a dit : « J'aimerais être riche, et si je l'étais, je donnerais à tous ces enfants des rues de la nourriture, des vêtements, des médicaments, un toit, de l'amour et de l'affection. » Si un enfant dans la rue qui n'a rien est partant pour partager, pourquoi nous qui avons tout sommes-nous si avares ? Je ne peux pas m'empêcher de penser que nous avons le même âge et qu'en fonction de là où on naît, cela fait une immense différence, que je pourrais être un des enfants des favelas de Rio.

Je pourrais être un enfant mourant de faim en Somalie, victime de la guerre au Moyen-Orient, ou une mendiante en Inde.

Je suis seulement une enfant, pourtant je sais que si tout l'argent dépensé dans la guerre servait à trouver des réponses aux problèmes environnementaux, pour en finir avec la pauvreté et signer des traités, quel endroit merveilleux cette Terre serait !

À l'école, même au jardin d'enfants, on nous apprend comment nous comporter dans le monde. Vous nous apprenez à ne pas nous battre entre nous, à travailler dur, à respecter les autres, à faire notre lit, à ne pas blesser autrui, à partager sans avarice. Alors, pourquoi faites-vous les choses que vous nous dites de ne pas faire ?

N'oubliez pas pourquoi vous assistez à ces conférences, pour qui vous le faites. Nous sommes vos propres enfants. Vous décidez dans quel genre de monde nous allons grandir. Les parents doivent être capables de consoler leurs enfants en disant : « Tout ira bien, ce n'est pas la fin du monde, et nous faisons du mieux que nous pouvons. » Mais je ne pense pas que vous puissiez encore nous dire ça. Sommes-nous seulement dans vos listes de priorités ?

Mon père me dit toujours : « Tu es ce que tu fais, pas ce que tu dis. » Eh bien, ce que vous faites me fait pleurer la nuit. Vous continuez à nous dire que vous nous aimez, mais je vous mets au défi, s'il vous plaît : faites que vos actions reflètent vos paroles. Merci.

Severn Suzuki,
Sommet de la Terre, Rio de Janeiro,
14 juin 1992.

NOUS N'AVONS PAS ÉCOUTÉ NOS ENFANTS, ET POURTANT, AUJOURD'HUI, NOUS SOMMES MIS AU PAS PAR QUELQUE CHOSE DE BEAUCOUP PLUS PETIT : UN VIRUS.

En 2019, c'est Greta Thunberg, quinze ans, qui prend la parole à la tribune des Nations unies.

Ce n'est pas normal. Je ne devrais pas être ici. Je devrais être en classe de l'autre côté de l'océan. Et pourtant, vous venez tous nous demander d'espérer, à nous, les jeunes.

Comment osez-vous ?

Vous avez volé mes rêves et ma jeunesse avec vos mots creux. Et encore, je fais partie des plus chanceux ! Des gens souffrent, des gens meurent, et des écosystèmes entiers s'effondrent. Nous sommes au début d'une extinction de masse, et tout ce dont vous parlez, c'est d'argent et du conte de fées d'une croissance économique éternelle. Comment osez-vous ?

Depuis plus de trente ans, la science est parfaitement claire. Comment osez-vous encore regarder ailleurs ?

Vous venez ici pour dire que vous faites assez, alors que les politiques et les actions nécessaires sont inexistantes. Vous dites que vous nous entendez et que vous comprenez l'urgence, mais peu importe que je sois triste ou énervée, je ne veux pas y croire. Car si vous comprenez vraiment la situation, tout en continuant d'échouer, c'est que vous êtes mauvais et ça, je refuse de le penser.

L'idée commune qui consiste à réduire nos émissions de moitié dans dix ans ne nous donne que 50 % de chances de rester en dessous des 1,5 °C de réchauffement, et du risque d'entraîner des réactions en chaîne irréversibles et incontrôlables. 50 %, cela peut vous sembler acceptable, mais ce nombre ne comprend ni les moments de bascule, ni les réactions en chaîne, ni le réchauffement supplémentaire caché par la pollution toxique de l'air ou les notions d'équité et de justice climatique.

Ces chiffres reposent aussi sur l'idée que ma génération réussira à absorber des centaines de milliards de tonnes de CO_2, avec des technologies encore balbutiantes. Donc 50 % de risque de rester en dessous des 1,5 °C de hausse des températures, ce n'est pas acceptable pour nous, qui devrons vivre avec les conséquences.

Comment pouvez-vous prétendre que cela peut être résolu en faisant comme d'habitude, avec quelques solutions techniques ?

Avec les niveaux d'émissions actuels, le budget CO_2 aura entièrement disparu en moins de huit ans et demi. Aucune solution, aucun plan ne sera présenté pour résoudre ce problème ici, car ces chiffres dérangent, et que vous n'êtes pas assez matures pour dire la vérité.

Vous nous laissez tomber. Mais les jeunes commencent à voir votre trahison. Les yeux de toutes les générations futures sont tournés vers vous. Et si vous décidez de nous laisser tomber, je vous le dis : nous ne vous pardonnerons jamais ! Nous ne vous laisserons pas vous en sortir. Nous mettons une limite, ici et maintenant : le monde se réveille et le changement arrive, que cela vous plaise ou non. Merci !

Elle est brutale et maladroite, mais tellement touchante
et émouvante ! Et surtout : elle a tellement raison.
Elle a la souffrance de ceux qui savent.
Je pense qu'il est indécent de se moquer d'elle,
car ce n'est pas à elle et à nos enfants de porter le poids
du monde ; c'est à moi, à nous tous.
Comment un monde qui ignore ses enfants peut-il
espérer un avenir ? Comment peut-on entendre
par deux fois à trente ans d'écart, les mêmes messages
d'alerte, les mêmes appels à l'aide et ne rien faire ?

LA SEULE ÉNERGIE DURABLE, C'EST L'AMOUR.

Nous devons être très courageux devant l'énormité de la tâche qui nous dépasse. Nous devons reconnaître que tout futur implique de « décarboner » nos vies, de diminuer notre consommation de pétrole, de charbon et de gaz. Cette énergie faite de carbone est cachée partout : dans notre nourriture, nos vêtements, nos déplacements, nos maisons… Tout ce que nous consommons chaque jour est plein de pétrole, plein de carbone. Ne pas nous engager, ce serait être complice. Et je n'ai pas de leçon à vous donner, car durant les quatre cinquièmes de ma vie, je suis passé à côté de cela.

Aujourd'hui, mon héritage, c'est tout simplement l'amour de la vie. Regardez bien ces visages, qui nous invitent à faire le tour du monde. Nous allons devoir affronter notre destin tous ensemble. Avec eux. Nous sommes tous égaux devant la souffrance et la mort. Nous partageons tous au fond de nous l'amour de l'Autre. Rappelez-vous ce qui a fait notre force : intelligence et entraide. Vous sentez qu'ils font partie de notre famille, de votre famille. Vous voyez toutes les croyances du monde dans leur visage ? Vous sentez l'amour qui s'en dégage ? Alors imaginez ce qu'on pourrait faire tous ensemble.

Portraits tirés du film Human.
En ligne sur YouTube.
Fondation Bettencourt Schueller / Fondation GoodPlanet

IL EXISTE DES SOLUTIONS,
C'EST À VOUS AUSSI, LES JEUNES, DE CHOISIR !
NOUS SOMMES LES CITOYENS ; NOUS SOMMES LES ENTREPRISES ;
NOUS SOMMES LES ÉTATS.
ÉCOUTONS LES SCIENTIFIQUES, INFORMONS-NOUS
SUR LE CHANGEMENT CLIMATIQUE.
NE SOUTENONS QUE DES POLITIQUES QUI METTENT L'ÉCOLOGIE
AU CŒUR DE LEURS PROGRAMMES.
SOYONS TOUS BÉNÉVOLES ET ENGAGEONS-NOUS
AU SEIN D'ASSOCIATIONS.
ARRÊTONS DE CONSOMMER DE LA VIANDE INDUSTRIELLE !
CONSOMMONS UNE NOURRITURE LOCALE, DE SAISON, BIO,
NON-TRANSFORMÉE ET SANS EMBALLAGE PLASTIQUE.

PLAÇONS NOTRE ÉPARGNE DANS DES BANQUES DE FINANCE DURABLE.
ISOLONS NOS HABITATIONS.
ACHETONS D'OCCASION ET RÉPARONS NOS OBJETS POUR ÉVITER LA SURCONSOMMATION.
DÉPLAÇONS-NOUS EN TRAIN, EN BUS, EN VÉLO, EN COVOITURAGE OU EN ÉLECTRIQUE.
L'AVION DOIT RESTER UN MOYEN DE TRANSPORT D'EXCEPTION.
DANS NOS CONSTRUCTIONS, AU LIEU DU CIMENT, PRÉFÉRONS LE BOIS, LA TERRE, LA PIERRE ET LES FIBRES.
CALCULONS NOTRE EMPREINTE CARBONE POUR APPRENDRE À LA RÉDUIRE.
NE VOYONS PAS ÇA COMME DES CONTRAINTES.
AGIR REND HEUREUX.

Documentation iconographique : Françoise Jacquot

Yann Arthus-Bertrand souhaite exprimer sa reconnaissance à Franck Courchamp avec qui il a co-écrit le film ainsi qu'à toute l'équipe qui a travaillé sur le livre.

À Saltimbanque Éditions : Béatrice Decroix, Philippe Godard et Lucie Gibert
Réalisation graphique : Valérie Gautier
Photogravure : Apex Graphic

Yann Arthus-Bertrand a travaillé principalement avec des boîtiers
Canon EOS-1D X et des objectifs Canon série L.

Pour contacter Yann Arthus-Bertrand : yann2@yab.fr
Pour tout connaître de son actualité : www.yannarthusbertrand.org

Toutes les émissions carbone générées par ce projet sont compensées avec les programmes Action Carbone Solidaire de la Fondation GoodPlanet.

Les photographies de Yann Arthus-Bertrand sont diffusées
par l'agence Hemis en France www.hemis.fr
et par l'agence Getty à l'international www.gettyimages.fr.

13,90 €
9 782378 012144